U0359008

妈妈的
咖啡

我的快乐
暑假

爸爸的
甜甜圈

开心的
合照

妈妈

爸爸

内尔

三叶草

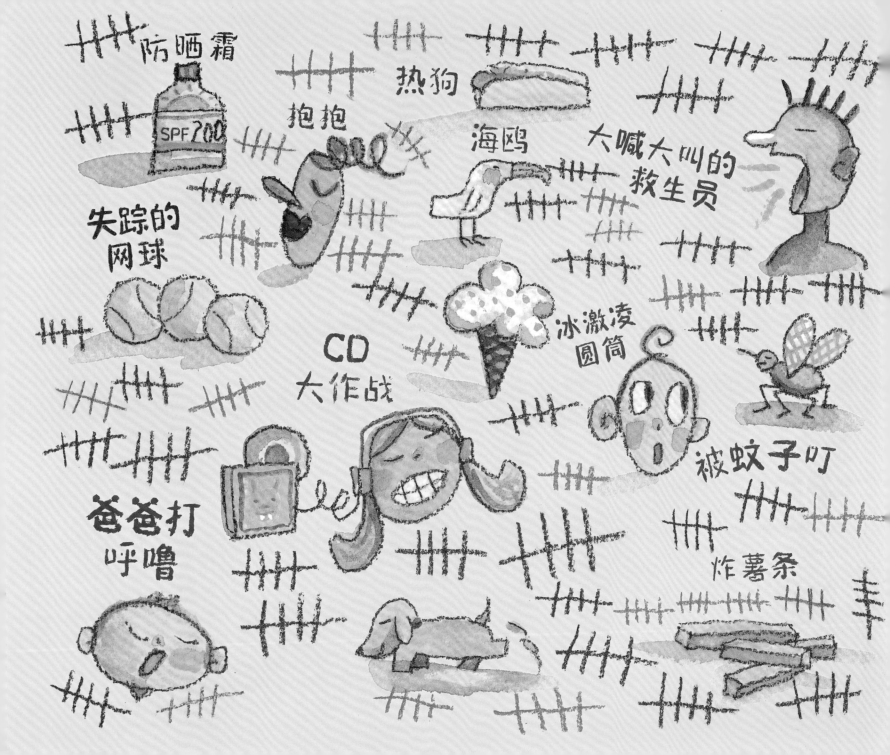

MathStart®
洛克数学启蒙②

会数数的奥马利

[美]斯图尔特·J.墨菲 文　　[美]辛西娅·贾巴 图　　吕竞男 译

计数

海峡出版发行集团
THE STRAITS PUBLISHING & DISTRIBUTING GROUP
福建少年儿童出版社
FUJIAN CHILDREN'S PUBLISHING HOUSE

献给莫林·凯丽·墨菲和各位爱尔兰亲戚。
——斯图尔特·J.墨菲

献给我可爱的家人们。为了4723次争吵、爱和无穷。
——辛西娅·贾巴

给妈妈

TALLY O'MALLEY

Text Copyright © 2004 by Stuart J. Murphy

Illustration Copyright © 2004 by Cynthia Jabar

Published by arrangement with HarperCollins Children's Books, a division of HarperCollins Publishers through Bardon-Chinese Media Agency

Simplified Chinese translation copyright © 2023 by Look Book (Beijing) Cultural Development Co., Ltd.

ALL RIGHTS RESERVED

著作权合同登记号：图字 13-2023-038号

图书在版编目（CIP）数据

洛克数学启蒙. 2. 会数数的奥马利 / (美) 斯图尔特·J.墨菲文；(美) 辛西娅·贾巴图；吕竞男译. --
福州：福建少年儿童出版社，2023.9
ISBN 978-7-5395-8101-9

Ⅰ.①洛… Ⅱ.①斯…②辛…③吕… Ⅲ.①数学-儿童读物 Ⅳ.①O1-49

中国国家版本馆CIP数据核字(2023)第005835号

LUOKE SHUXUE QIMENG 2 · HUI SHU SHU DE AOMALI

洛克数学启蒙2·会数数的奥马利

著　　者：[美]斯图尔特·J.墨菲 文　[美]辛西娅·贾巴 图　吕竞男 译
出 版 人：陈远　出版发行：福建少年儿童出版社　http://www.fjcp.com　e-mail:fcph@fjcp.com　社址：福州市东水路 76 号 17 层（邮编：350001）
选题策划：洛克博克　责任编辑：曾亚真　助理编辑：赵芷晴　特约编辑：刘丹亭　美术设计：翠翠　电话：010-53606116（发行部）　印刷：北京利丰雅高长城印刷有限公司
开　　本：889 毫米×1092 毫米　1/16　印张：2.5　版次：2023 年 9 月第 1 版　印次：2023 年 9 月第 1 次印刷　ISBN 978-7-5395-8101-9　定价：24.80 元

奥马利一家准备去度假。瞧，东西差不多都准备齐了。
"浴巾带了吗？"爸爸问。
"后门锁了吗？"妈妈问。
"快点，三叶草，上车！"埃里克牵着狗绳大声命令道。
"我的太阳镜找不到了！"内尔说。

4

"布里奇特！"大家齐声喊，"快一点，不然我们永远也到不了！"

他们终于出发。
开了将近三个小时，埃里克抱怨道："怎么还没到啊？"

"哎呀！三叶草对着我喷气！"布里奇特说。
"我的棒球帽找不到了！"内尔说。
"要不咱们一起玩计数游戏吧？"妈妈提议。

他们首先确定要数什么东西。

埃里克说："我们来数汽车吧！"他喜欢玩计数游戏，因为几乎每次都是他赢。

"好啊，"妈妈赞成，"来挑选颜色吧。"

"我选银色。"埃里克说。

"我选蓝色。"布里奇特说，"你呢，内尔？"

"红色。"内尔回答道。她最喜欢的颜色就是红色。
埃里克笑着说："你总是选红色，却从来没有赢过。"

妈妈递给他们纸和铅笔。

"你还记得怎么玩吗，内尔？"布里奇特问。

"当你看到一辆红色汽车的时候，做一个这样的记号：

"每看到一辆做一个记号。
发现第三辆的时候，记号变成这样：

"等到发现第五辆的时候，在之前的四个记号上画一条横线，
把它们变成一小捆，这样便于计数。"

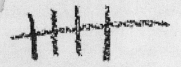

"游戏时间是二十分钟。"妈妈规定。

"各就各位！预备！开始！"

"快看，这有一辆银色的。"埃里克立刻说，"那边还有两辆。"
"我看到一辆蓝色的。"布里奇特说，"后面还紧跟着一辆。"

"哈！我看到一辆红色的。"内尔说。
"内尔，那边还有一辆红色的。"爸爸说。
"不可以帮忙！"埃里克喊道。

"时间到！"妈妈说。
这会儿他们正好在一个休息区停下来，准备在这儿吃午饭。

爸爸带着三叶草去散步，
孩子们忙着数自己的记录。
"我赢了！"埃里克喊道，
"我又赢啦。"

15

"给你戴上计数奖章。"妈妈说。

这是一块用塑料做成的三叶草奖章，是小狗一岁生日时爸爸送它的礼物。

"别一副了不起的样子。"布里奇特不服气地说，"真以为自己是奥马利家的计数高手啦？"

买汉堡包的队伍排得特别长。
"我饿了。"布里奇特说。
"我想吃冰激凌。"内尔说。
"我能玩电子游戏吗?"埃里克问。
"我们再玩一次计数游戏吧。"爸爸说。

"这里不能再数汽车了。"布里奇特说,"我们来数T恤衫吧。"

"我选黄色!"埃里克叫道。

"我选绿色!"布里奇特叫道。

"我选红色!"内尔叫道。

埃里克笑着说:"红色永远赢不了。"

队伍向前移动得非常慢,几乎每次只移动2.5厘米。

他们数着眼前的每一件T恤。

"马上轮到我们了。"爸爸说。

"游戏结束，每个人算一下自己手里的总数。"

"我赢了！"布里奇特喊道。

妈妈从埃里克手中接过三叶草奖章，戴在布里奇特的脖子上。

"这个计数奖章你戴不了多久的。"埃里克说。

"哦，是吗？那就看看谁才是奥马利家的计数高手。"布里奇特回答说。

23

午餐后，大家都吃得饱饱的。一家人继续开车前往海滩，大部分时间里，埃里克、布里奇特和内尔都在睡觉。

他们终于到了。刚一下车，就听到远处传来火车的鸣笛声。

"我们来数一数火车车厢吧。"埃里克说，"我选黑色。"

"我选灰色。"布里奇特说，"你又想选红色吗，内尔？"

"当然。"内尔回答说，"我最爱红色。"

"你真是记不住教训。"埃里克感叹道。

"快看火车头。"埃里克说,"黑色的,我得一分。"
"不公平。"布里奇特说,"火车头又不是车厢。"
一节红色车厢驶过,接着又是一节,后面又来一节。

下一节车厢也是红色的，再下一节还是。

火车轰隆隆地驶过。最后，乘务员休息车厢也从他们面前经过，依然是红色的。

"这列火车几乎没有黑色车厢。"埃里克沮丧地说。

"也没有灰色车厢。"布里奇特说。

"我们一起看看统计表。"妈妈说，"内尔赢了！"

布里奇特把三叶草奖章交给内尔。
接着她注意到铁轨附近有一个标志。
"看！"她说，"这就是内尔获胜的原因！"

旅游
红色专列

"嘿，内尔，这不公平。"埃里克说。
"我觉得很公平。"内尔说，"从现在开始，你应该叫我……"

《会数数的奥马利》中涉及的数学概念是计数。计数符号是一种非常有用的数学工具，尤其是当数量随着时间变长而不断增加时，可以帮助孩子将正在数的对象数量记录在纸上。计数符号每 5 个为一组，这也强化了孩子以 5 为单位计数的能力。

对于《会数数的奥马利》中所呈现的数学概念，如果你们想从中获得更多乐趣，有以下几条建议：

1. 和孩子一起读故事，指出故事中的人物如何用符号记录所数的汽车、T 恤衫和火车车厢数量。指出他们是如何用横线符号来表示 5 个为一组。

姓名	颜色	计数符号
埃里克	银色汽车	
布里奇特	蓝色汽车	
内尔	红色汽车	

2. 再次阅读故事，让孩子自己使用计数符号来计数。讲故事时可以暂停一下，让孩子比较自己的计数符号和书上的计数符号有何不同。参照右图制作一张计数图表。

3. 让孩子在纸上列出书中人物的名字，然后用符号计数法统计每个名字在故事中被提及的次数。等孩子统计完之后向孩子进行提问，比如："哪个人物被提到的次数最多？""哪个最少？"

4. 随机说一个位于 10 到 25 之间的数字，让孩子用计数符号来表示这个数字。

如果你想将本书中的数学概念扩展到孩子的日常生活中，可以参考以下这些游戏活动：

　　1. 比萨问卷：让孩子询问家人、朋友和邻居最喜欢哪种口味的比萨，并用符号计数法来统计答案，找出哪种比萨最受欢迎。

　　2. 邻居调查：询问邻居家的孩子喜欢哪种颜色。然后统计一下，看看哪种颜色最受欢迎。

我的快乐暑假

妈妈的
咖啡

爸爸的
甜甜圈

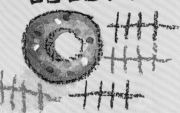

开心的
合照

妈妈

爸爸

内尔

三叶草

洛克数学启蒙